JC総研ブックレット　No.18

農業を守る英国の市民

和泉 真理◇著
図司 直也◇監修

巻頭言　都市農村「交流」から真の「対流」に向けて―イギリスの実践が投げかける視点

図司直也（法政大学）

日本の社会は、高度経済成長期以来、大きな意味で都市化が進み、都市的な生活様式が日本全体を覆うようになりました。その結果、食料は「自ら作るもの」から「買うもの」へと転じ、食と農の距離が広がり、都市に多くが住む消費者と農村の生産者との距離を、具体的にどのように縮めていくのかが課題となっています。

そこで農村が都市とつながっていこうと、１９７０年代に農村にある産品を都市で販売する「モノ」を介した交流が始まります。一村一品運動が象徴したように、「一品」「産品」への関心を集めるあまりに、特産品開発に主眼が置かれ、単なるモノづくり論へと矮小化してよいのかという問題提起もありました。

次いで１９８０年代後半からは、内需拡大、民活論の高まりを受けて、農村は都市住民を迎えるリゾート開発ブームに巻き込まれていきます。各地で自然環境保全と開発圧力のせめぎ合いを生んだものの、それもバブル崩壊に伴い、都市サイドからの開発資本が手を引くと、不良債権化したり、遊休化した施設を各地に残すことになってしまいました。

そして、その対抗軸としてヨーロッパからもたらされたグリーンツーリズムの考え方が、１９９０年代以降、各地に取り入れられていきます。農村地域において自然、文化、人々との交流を楽しむ滞在型の余暇活動を送れる場所として、農村には農業体験民宿や農産物直売所といった拠点やそこに展開するプログラムの整備が進んできました。

グリーンツーリズムが日本に入ってきてはや２０年あまりが経ちましたが、今日、その手応えはどうでしょうか。継続的な交流を生み出す地域がある一方で、単発的な体験事業に留まり、一過性の交流に終わってしまっている地域も出てきています。休暇が短い日本では、グリーンツーリズムは、不特定多数の都市からの来訪者を日帰りまたは短期滞在での体験型で受け入れる傾向にあり、その多くが限られた時間の中でパターン化された体験を切り売り的に商品化している、という指摘もあります（青木２０１０）。

確かに、農村と都市の間の「ヒト」の行き来は盛んとなり、生産者・消費者間の物理的距離は縮まりつつあります。その一方で、従来のように都市農村交流を続けていても、人口減少、高齢化がさらに進めば、当初は熱心な取り組みも、２～３年も続くとその意義を見失ってしまう、いわゆる「交流疲れ」に陥り、担い手自体を失ってしまいかねません。

このような懸念の内側には、まだまだ生産者と消費者の精神的距離は必ずしも縮まっていない現状を認めざるを得ません。農産物直売所でも、生産者の写真を掲げたりＰＯＰを通して作り手の想いを伝えようとする工夫はなされていますが、それはあくまで産地側からの片想いに留まってしまっているように思えます。

このことからも、日本の都市農村交流はその「量」ばかりを追い求めず、しっかり「質」を高めていく段階に来ていると言えます。このような現状を踏まえたとき、本書が報告するイギリスの実践は、日本で展開してきた都市農村交流の先に広がる様々な可能性を教えてくれています。

第1章の「オープン・ファーム・サンデー」のポイントは、生産者と消費者を結ぶ取り組みを、「日曜日の家族のお出かけイベント」として楽しい形で実現させているという点でしょう。情報や娯楽に溢れている今日、楽しそうなものであれば魅かれるし、そうでなければ見向きもされない、というある意味シビアな環境を認識して、まずは消費者の関心を農業に集めていく入口を広く創り出す必要性を投げかけています。

また、第2章の「ファーマーズ・マーケット」のポイントは、「周辺地域」の生産者が「自ら」生産したものを「自ら」売ることを軸に、一定のルールを定めて参加してもらっている点にあるでしょう。そこには、ただ単に地産地消で産品が売れればよい、という訳ではなく、モノに込めた生産者の「志」と、消費者の暮らす周辺の「地域の旬」の両面を、売り場での「対話」を通して直接共有してもらうところにこだわりが見られます。

そして、この2つの取り組みに共通するのは、LEAFやFARMAといった生産者サイドと消費者サイドの双方が参画する民間機関がコーディネートを担っていることでしょう。日本の都市農村交流では、先に触れたように生産者が中心となって、産地側に交流の機会を設けていく傾向が強くありました。その中からも今では、農山村のなりわいや暮らしに共感しリピーターとなった都市住民が、様々な活動をサポートする立場に転じ、都市と農村のつなぎ手に育っている現場も数多く生まれています（図司2015）。

例えば、名古屋の中心街である栄で毎週土曜の朝に開催されている「オアシス21オーガニックファーマーズ朝市村」は、農薬や化学肥料を使わない旬の野菜を、東海各地の30近い農家が持ち寄って、10年以上続いているオーガニックマルシェです。ここでも、農家と親しくなった消費者がボランティアとなって朝市の運営に加わったり、出荷する農家のところに農作業の手伝いに訪れるケースが増えているだけでなく、有機農業での就農を志す若者たちの窓口にもなっています。

また、近年見られる田園回帰の原動力となっている若者たちも、地域おこし協力隊をはじめとする地域サポート人材としての活動をきっかけに、農村に暮らす人たちと関わり合いを持つことに価値を置いて、そこから自分の居場所を改めて見出そうとしています。そのような彼らの活動の発信が都市住民や若者のさらなる関心を呼び、人手を求める農村コミュニティ活動に主体的な参画を呼び込んでいます。こうした動きは、農村に根差して事業を展開するコミュニティ・ビジネスの次元に留まらず、そこで生み出された都市とつなぐ仕組みを各地のスタイルに合わせてしなやかに広げていくソーシャル・イノベーションと呼ぶべき実践も始まっています（図司2016）。このあたりに日英の取り組みの接点が見出せるのかもしれません。

第3章におけるナショナル・トラストなどの環境保全団体、さらに第4章のような地域コミュニティ基金が農地を所有し、農業者に貸し出したり、直営農場を運営する動きは、日本にはまだ見られないものですが、そこから示唆されるものは少なくありません。

日本の農村における地域資源は、農地や林地をはじめとして、本来は、多くの人の手を入れ、共同で維持管理を行うことで効率を大幅に高めていくような、人為によるストック形成を基礎としてきました。しかし、今日ではその経済的価値が低下したために、利用者が維持管理からも離脱する「過少利用」局面にあります。そしてその影響は、農地の耕作放棄が病害虫の発生や獣害によって周囲に悪影響をもたらすだけでなく、近年の集中豪雨により山間部では林地の土砂崩れが頻発し、特に、２０１１年の紀伊半島大水害が象徴的なように、上流域だけでなく下流域にわたって人家や道路に甚大な被害を及ぼしています。

このような有機的連鎖性を伴っている農村地域資源の特徴とも合わさって、さまざまな主体を巻き込んだ形でステークホルダーを拡張させ、より多くの人の手が関われる場を作り出そうとするという方向性は近年ますます強まっています。例えば農村における棚田オーナー制のみならず、都市近郊でも、里山保全活動や援農ボランティアのような形で農林地の「市民的利用」が広がりを見せています。

こうして農村地域資源に関わるステークホルダーが既に農村の範囲に留まらなくなっているとすれば、長期的には資源の「所有」のあり方もまた避けられない検討課題になってきます。日本で資源の過少利用が進んでしまった一因として、私的所有に根差した権利の空洞化、言い換えれば「家産」としての財産管理や処分が機能不全に陥っている側面も見逃せません。そうなると、農家や林家といった資源を所有してきた主体自身が、今日の「市民的利用」の可能性を捉えて次世代にも資源を繋いでいこうとする志を持てるのかがカギになってきます。さらに個別の農林家などでの対応が難しいとなれば、これらの資源を公有化していくような仕組みも必要になるかもしれません。

　このように日本では、農村と都市との関係、生産者と消費者との関係において、お互いが行き来し合う「対流」と称する展開がますます求められていく中で、本書のイギリスの多彩な事例が示す投げかけは少なくありません。本書をきっかけに、日本とイギリス、さらにはヨーロッパ諸国との農村都市関係の比較研究が深まっていくことが大いに期待されます。

参考文献

青木辰司『転換するグリーン・ツーリズム―広域連携と自立をめざして』学芸出版社、２０１０年
図司直也「共感が生み出す農山漁村再生の道筋」大森彌・武藤博己・後藤春彦・大杉覚・沼尾波子・図司直也『人口減少時代の地域づくり読本』公職研、２０１５年、１６３～２０９頁
図司直也「田園回帰から新しい都市―農山村関係へ」小田切徳美・筒井一伸編『田園回帰の過去・現在・未来』農山漁村文化協会、２０１６年、２０９～２１６頁

はじめに　英国の消費者が農業に求めるもの

日本と英国とは、食料をとりまく状況にたくさんの共通点があります。その1つに、両国とも国民の多くは都市に住み、都市の消費者は食料の多くをスーパーマーケットで購入し、食料を生産している農業について接点も知識もあまり持たないことがあげられます。日本でも英国でも、スーパーマーケットに行けば多様な食品がふんだんに並べられています。先進国に共通する現象として、農業と食料消費との距離が大きく、消費者は食料の出所である農業を知らずに食料を消費しているのです。小学校などでの食育を奨励し、野菜や果実の消費を推進し、食生活を通じて生活習慣病の予防をしようとしていることも、両国に共通しています。

農業との距離が大きいこのような先進国の消費者は、農業に何を求めているのでしょうか。「良質な食料が合理的な価格で安定的に供給されること」が農業に一義的に求められることでしょうが、消費者が農業に期待しているのはそれだけではありません。

英国の政府文書(1)では、消費者が食料を選択する基準を、「経済面からの選択」「自らのアイデンティティーとしての選択」「政治面からの選択」「楽しみとしての選択」の4つに分類しています。

経済面からの選択：価格水準、値段に見合った商品であるかどうか、など

自らのアイデンティティーとしての選択：ファーマーズ・マーケットなど購入場所の選択、有機、地元産、産

地、地元特有の料理・食材、など

政治面からの選択：フェアトレードであるかどうか、国産、フリーレンジなどの動物福祉、など

楽しみとしての選択：料理の楽しみ、便利さ、健康、エシカル、など

これらの項目の中には、有機農業、遺伝子組み換えではない農産物、旬の農産物、地元産・国産、動物福祉、エネルギー消費の削減や再生可能エネルギーの利用など、農業生産のあり方に関わるものが多く含まれます。さらに、農地面積が国土の70％を占める英国では、農業が生物多様性や農村の景観を守ること、レクリエーションの機会を提供することも、消費者が農業に期待する大きな役割です。

消費者が農業に期待するこれらの項目の中には、農業生産を行う農業者にとって取り組みやすいものもあれば、そうではないものもあります。その中で消費者が、自らが求める農業のやり方を選択し支援しようとするならば、通常は食料を買う際の消費行動で示します。具体的には、食品表示を見て食品を選択したり、特定の生産者や流通経路からの食品を購入することで、消費者が求める農業を支援するわけです。

しかし英国では、それにとどまらず、消費者側が農業生産や販売の方法などにより直接的に関わることで、自らが求める姿の農業を支援する取組が見られます。本書で紹介するのは、ファーマーズ・マーケットを自ら運営し、環境保全的な農業を推進する環境保全団体を支援し、さらには農場へ出資しコミュニティとして所有するこ

(1) UK Cabinet Office「Food: an analysis of the issues」2008

図　本書の各章で紹介している農場等の位置

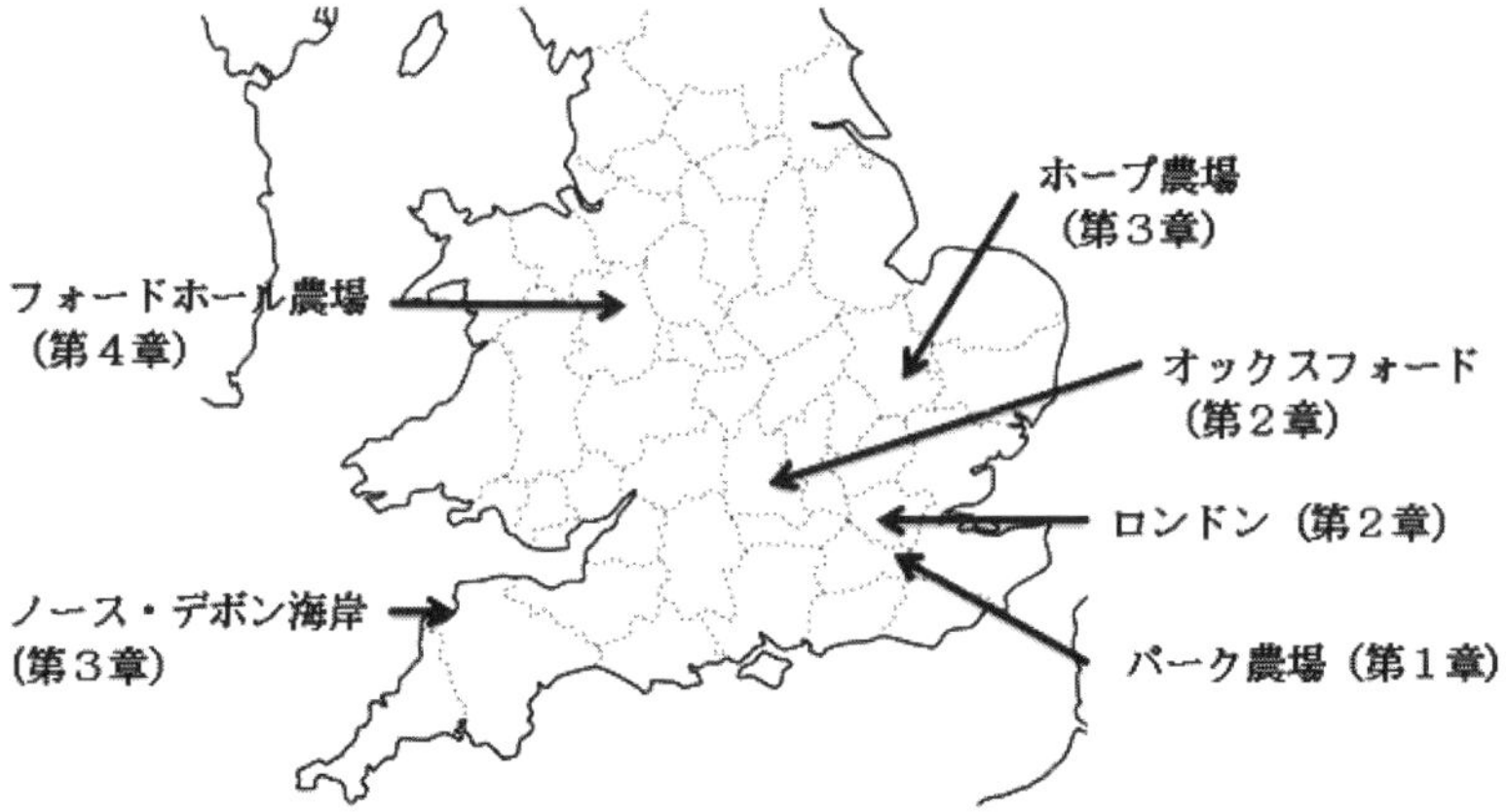

とで、消費者側が有機農業、生物保全と両立する農業、中小規模の農業などを支援する英国の事例です。

また、消費者が農業に関わるためには、現時点では離れてしまっている都市の消費者と農業とを結びつけるところから始めなければなりません。そのために、英国の民間団体が始めた年1回、全国一斉に農場を公開する取組が、英国で拡大しつつあります。本書の第1章では、まず、この消費者に農業を知ってもらう活動から紹介することにしましょう。

日本でも消費者は、無農薬で作られた農産物の購入、特定の生き物を守る農業生産に関わる食品の購入、棚田などの農業景観を守るための支援活動への参加など、農業の果たすさまざまな機能への関心を持っています。これまでの日本の消費者の農業への関与は、多くは食品の購入行動や「援農」などにとどまっていますが、これをもう1歩進め、消費者が農業生産や農産物の販売を農業者とともに行うことで、日本の多様な農業を維持する可能性を、英国の実例から探せるのではないでしょうか。

第1章　オープン・ファーム・サンデー

「6月の日曜日は農場に行こう!」。毎年6月の第1あるいは第2日曜日に、英国の数百の農場が一般の人々に一斉に開放されます。このオープン・ファーム・サンデーの取組は、LEAFという民間団体が企画し、2016年で11回目になります。年々この取組の規模は拡大しており、2016年は6月5日に行われ、英国全体で400弱の農場が参加し、25万人もの人がこれらの農場を訪れました。

2016年に私はこのオープン・ファーム・サンデーに初めて参加しました。訪れた農場は、ロンドンの南、環状高速道のすぐ横にあるパーク農場です。400頭の乳牛を飼い、150haの農地で小麦や飼料作物などを生産している農場です。オープン・ファー

パーク農場でのオープン・ファーム・サンデー

ム・サンデーのウエッブサイトの中から、行きやすい場所にあるいくつかの農場を選び、その中で色々な企画・イベントをしていそうなこの農場に決めました。パーク農場でのオープン・ファーム・サンデーの様子を紹介しましょう。

1　パーク農場でのオープン・ファーム・サンデー

国道に面して掲げてあった「オープン・ファーム・サンデーはここ！」という横断幕に導かれて、細いどろんこ道を進むと、いつのまにかパーク農場の中でした。11時のオープンに合わせ、パーク農場の牧草地を使った駐車場にはどんどん車が入ってきます。パーク農場は昨年もオープン・ファーム・サンデーに参加しており、昨年の訪問者数は1800人だったそうです。快晴の日曜日、「今年はもっとお客さんが来るだろうよ」と駐車場係の人は張り切っていました。駐車場係はパーク農場の経営者の親戚の人のようです。オープン・ファーム・サンデーは家族・親族・近所の人が総出で手伝うイベントなのです。

私の車の隣に駐車した人は、「この近所に住んでいるよ。この農場に来るのは3回目だよ。他にはハンプシャーの農場に行ったこともある。この農場はとてもいいよ」と教えてくれました。その人も含め、子ども連れの家族がたくさん。駐車場では、かなりの人が英国人の散歩の必須グッズともいえる膝下までの長グツに履き替えていました。

オープン・ファーム・サンデーでは、たいていの農場への入場は無料です。しかしこのパーク農場は、ホスピスを支援するために入場者1人あたり1ポンドを徴収していました。それを払い、靴を消毒液に浸し、いよいよ農場訪問の始まりです。

まずは子牛が入っている畜舎の周りを歩きました。子ども達は干し草を子牛に食べさせて嬉しそうです。「オープン・ファーム・サンデー」の文字の入ったお揃いのシャツを着たスタッフが、牛の月齢とか育て方などを説明してくれます。

午後2時からは搾乳タイムになります。誰もが搾乳している所をみたがるので、狭い搾乳パドックに向かって長蛇の列ができます。牛の方もたくさんの観客をみて怖じ気づき、最初の1頭がパドックに入るまでには少々時間がかかりました。農場の人が搾乳をしながら、牛について色々説明してくれます。

農場内の一角では、地元の女性グループによる羊の毛を糸にする実演が行われていました。また、牧草地

畜舎の周り

にはさまざまな大型農業機械が展示され、子ども達は順番にトラクターの運転席に登って歓声をあげていました。こちらは農機具メーカーが機械とスタッフを派遣して担当しています。

農家の中庭では、ハンバーガーとポテト、お茶と手作りケーキ、アイスクリームを売るテントが置かれ、昼食時間になるとそれぞれ長蛇の列でした。そこは「列を作る文化」で有名な英国人であり、皆じっと並んでハンバーガーが焼かれるのを待っています。中庭には四角い牧草のブロックがベンチ替わりにおかれ、農場らしく楽しい気分になります。中庭のすみでは、人形劇や手品をみせる人が、大勢の子ども達に囲まれて熱演していました。

オープン・ファーム・サンデーでは、ほとんどの農場が11時に開場し、午後4時頃に終了します。子ども連れの家族が英国で最も気持ちの良い季節の日曜日を楽しく過ごせるようにと、農場をみせるだけではなく、色々な工夫がなされ、それぞれにさまざまな人が働いていました。仮設トイレも5個ほど設置されていました。しかし、ハンバーガーの長蛇の列と午後になると詰まってしまったトイレは改善の余地ありかな、と思いました。

2　トレイラーツアーでの農場主の話

農場でのさまざまなイベントの中の最大の目玉はトレイラーツアーです。ユニオン・ジャック（英国旗）にペイントされたトラクターに引かれた荷台（トレイラー）に乗って、説明を聞きながら農場内を巡る、1周約15分のツアーです。パーク農場では、2台のトレイラーが休みなく動き、訪問者を乗せては農場巡りに出ていました。

これまた長蛇の列に並んだ後、荷台の上の干し草ブロックに座って、ツアーの開始です。私の乗ったトレイラーの案内者はパーク農場の経営者で、農場の歴史も含め、色々な話をしてくれました。

「私はここで農業をやってもう53年になる。

私が農業を始めた時は乳牛は33頭いたが、どんどん拡大し、今では400頭になっている。

この農場は、ロンドン環状高速道で南北に分断されており、農場の建物のある南側は地下水位が高く穀物には向いていないので放牧地や牧草地になっている。北側は家畜を連れて行けないので穀物を生産している。

牧草がこの数週間で急に伸びたので、今日刈っているところだよ。年3回刈っている。牧草はサイレージにする。トウモロコシもサイレージ用だよ。牛からの糞尿は全て自分の農場で使っている。糞尿を播いた農地にトウモロコシを植えるとほとんど養分を吸ってしまう。そのあとに小麦を植えると残った肥料で育つ。購入した肥料も投入している。小麦はドイツのパン用

農場の中心部から離れた穀物畑

の品種だよ。去年は小麦が伸び過ぎて倒れてしまったために出来が悪かった。農場の周辺の森から鹿やその他の動物が出てきて作物に被害を与えるんだ。」

このツアーに参加すれば、農場の中心部から離れた穀物畑もみることができます。農場の経営者が特に強調していたのは、食料を作ることがいかに大変なのか、ということと、昨今の生乳価格の下落についてでした。

パーク農場の生乳は全て飲用で、地元の卸業者を通じて近隣の地域に販売されているそうです。その生乳価格が以前はリットルあたり33セントだったのが、今は18セントしかしないそうで、「生産コストの方が高い」とのことです。牛乳価格が下がった最大の理由は、生乳生産枠の撤廃によって生乳生産量が拡大したことです。英国で約2％、ＥＵの生乳の最大生産国であるドイツで2～5％生産量が伸びたそうです。「牛乳は作るな、ということか。この農場の南側は、酪農をするほかないのに…」と経営者は嘆いていました。

この日は、英国のＥＵへの残留の是非を問う国民投票の1週間前であり、ツアー参加者から「ＥＵへの残留を希望するか、しないか」という質問が投げかけられました。それに対し、

「心情的にはＥＵから独立したい。ＥＵの政策の手続きはとても煩雑だし…。しかし、現在の英国には農業省も無いし、農業大臣もいない。現状では農業の面倒をみる人がいない…」

との答えでした。

3　オープン・ファーム・サンデーの意義とサポート

オープン・ファーム・サンデーを運営している団体であるＬＥＡＦはグローバルで持続可能な農業を推進するチャリティー機関です。ＬＥＡＦが行ういくつかの事業のうち「農業と市民を繋ぐ」目的で行われているのが、今年が11回目になるオープン・ファーム・サンデー事業です。ＬＥＡＦの会員には、農業者の他、大手スーパー、食品メーカー、農業資材企業が多く含まれ、このオープン・ファーム・サンデーにも、テスコ、センズベリーといった大手スーパー、食品メーカー、肥料や農機具メーカー、英国農業者組合（ＮＦＵ）、環境食料地域省（ｄｅｆｒａ）など幅広い民間企業・民間団体・公的機関がスポンサーとなっています。

現在４００弱あるオープン・ファーム・サンデーの参加農場はＬＥＡＦの会員でなくても良いそうです。ＬＥＡＦは参加する農業者に対して、「農業を知らない人々にどのように説明すればよいか」というコミュニケーションについての研修と、どのようなイベントを行ったらよいかについてのワークショップという2種類の研修コースを準備しています。オープン・ファーム・サンデーの当日は、企業や周辺農家、ボランティア団体などが参加農家を

オープン・ファーム・サンデーのロゴマーク

支援します。企業は、社員を農場にボランティアとして派遣したり、自社製品を配布・展示したりします。

都市の住民、消費者が農業のことをよく知らないのは、英国も日本も同じです。知られなくては関心も持ってもらえないし、農業を支援しようなどと思ってもらえるわけもありません。そのための「農業と都市を結ぶ」取り組みを、「日曜日の家族のお出かけイベント」という楽しい形で実現させている所がオープン・ファーム・サンデーの成功している点だと思います。日本での都市と農村の交流は、つい食育・体験教育など「教育」臭くなるか、農産物の直売といった販売に偏りがちですが、英国のように農業者や企業・団体に支えられながら農業を単純に楽しんでもらう機会を日本でも作れないだろうかと思いつつ、パーク農場を後にしました。

第2章　英国のファーマーズ・マーケット

数百年も続くようなフランスやドイツなどの食品マーケットと違い、英国のファーマーズ・マーケットは新しい「現象」だと言えるでしょう。1997年に英国南東部のバース市で開催されたファーマーズ・マーケットが英国の「近代的」ファーマーズ・マーケットの最初のものだと言われており、従って、まだ20年も経っていません。しかし、今や英国内に750とも言われているファーマーズ・マーケットの急増ぶりの背景には、ファーマーズ・マーケットが単に農家が直接販売をするだけではない多様な機能を持ち、それが現代の英国の地域社会のニーズに合っていることがあるのではないでしょうか。英国のファーマーズ・マーケットが提供している、食生活の見直し、コミュニティの再構築、小規模のビジネス支援、社会・環境問題への対応といった機能は、農産物直売所を地域振興のツールと期待する日本に多くの示唆を与えると思います。

1　英国のファーマーズ・マーケットの発展と特徴

英国の食品小売市場の特徴は、大手8社で市場の8割、そのうち3社で5割以上を占めるという寡占状態にあ

(2) 南方建明「食品小売構造の日英比較」『大阪商業大学論集』第5巻第2号（通号153号）

ることです。英国の食品小売店の数は、1960年頃には26万軒程度あったものが、1990年には10万軒を切るまでに急減しました(2)。日本でも食品小売業は減っていますが、それでも2009年で39万軒があり、大手数社の寡占状態とはなっておらず、店の減少ペースも英国ほどではありません。私は1980年代終盤に英国に住んだ経験がありますが、どの町に行っても同じ系列のスーパーマーケットがあり、そこでは冷凍野菜や安いレトルト食品が並び、英国の食事は不味いというのが定説でした。

この英国の食品流通実態は、食料の安定供給（価格、環境、安全などを含む）、英国人の健康問題（肥満、食生活の偏り）といった食の問題(3)、地域の伝統的小売業の衰退といった地域振興の問題を引き起こしました(4)。これへの解決の方途の1つとして期待されているのが、ファーマーズ・マーケットです。

1997年にバース市が地域振興方策の1つとして北米のファーマーズ・マーケット(5)を参考に規準を定めたファーマーズ・マーケットを開始して以来、今やその数は約750までに増加し、その多くが安定した経営を続けています。英国のファーマーズ・マーケットは、その地域内で生産された農産物や食料を生産者本人が売るというものであり、週1回あるいは月に2回といった頻度で開設されています。ファーマーズ・マーケットの急速な増加・定着について、英国のファーマーズ・マーケットや直売に取り組む農業者500以上を会員とする民間団体（協同組合）であるFARMA(6)の前会長のサリー・ジャクソンさんは、「1990年代頃から英国人が経済的に豊かになり、食に対する関心が高まった。特に、何を食べているのか、またその生産地などに人々は関心を持つようになった」ことが背景にあると説明してくれました。

また、英国ＢＢＣの記事によれば、ファーマーズ・マーケットは当初は普通の店では買いたくない特定の消費者が中心の「エリート意識」「高価格」という傾向があったのですが、現在ではそのような要素は薄れ、地元意識、コミュニティへの所属意識がファーマーズ・マーケットの成功につながっているとしています(7)。ＢＢＣの記事の中で、90歳の消費者の次のような声が紹介されています。「私はただ美味しいからというだけでファーマーズ・マーケットに行くわけではないの。季節が感じられ、地域特有のものに出会い、フードマイレージに貢献し、持続的社会に貢献し、小さな生産者を支えるためなのよ」。

単に農産物を直売するだけではない英国のファーマーズ・マーケットの実際を、マーケットでの出店者や消費者の声とともに紹介します。

（3）UK Cabinet Office「Food Matters: Towards a Strategy for the 21st Century」2008
（4）英　国　下　院　Communities and Local Government Committee「Market Failure?: Can the traditional market survive?」2009
（5）米国のファーマーズ・マーケットの実例としては、和泉「米国カリフォルニア州サクラメント市のファーマーズ・マーケット」(http://www.jc-so-ken.or.jp/pdf/agri/research_report/izumi/130821_01.pdf) を参照されたい。
（6）正式名称はThe National Farmers' Retail and Markets Association
（7）BBC Website「Does farmers' market food taste better?」(２０１２年6月24日)

2　英国のファーマーズ・マーケットの実際

(1) ロンドン市パーリアメント・ヒルのファーマーズ・マーケット

(ア) ファーマーズ・マーケットの概要

パーリアメント・ヒルはロンドン市の中心から6㎞程北西部に行ったところにある小高い丘陵地帯です。高級住宅地が点在する中に、ハムステッド・ヒースという4㎢の広大な公園があり、ロンドン市の人々の憩いの場となっています。この公園の一角で、毎週土曜日の10時から14時まで、ファーマーズ・マーケットが開催されます。売られているのは、野菜や果物に加え、肉、魚、花、パン、菓子類など。２００８年9月にオープンして以来、地元に着実に定着してきているそうです。

ロンドン市の中でもここは意識の高いリベラルな消費者が多く、住民の食や健康への関心も高い地域です。そういう土地柄が、このファーマーズ・マーケットを支えているのでしょう。調査に訪れた日は夏休み期間中で、マーケットの一角では子供向けのイベントが開催されていました。子供達が、生ゴミから作った堆肥をポットに入れ、そこに種を植えて持って帰り、自分で育てる、という内容です。他にも、年間を通じて近くの小学校のブラスバンドの演奏があったり、マーケットの中のお気に入りの店に投票する表彰行事があったりと、来る人達が楽しめるようなイベントが頻繁に企画されています。

このファーマーズ・マーケットを管理しているのは、ロンドン・ファーマーズ・マーケットという名前の任意団体で、パーリアメント・ヒルを含む20余のファーマーズ・マーケットを運営しています。これらのファーマーズ・マーケットは全て民間団体ＦＡＲＭＡが設定しているファーマーズ・マーケットに関する自主基準を満たし、ＦＡＲＭＡの認証を受けています。

ＦＡＲＭＡが設定しているファーマーズ・マーケットについての自主認証規準には、「周辺地域で生産された農産物であること」「生産者自らが販売すること」「自ら生産したものだけを販売すること」「加工品については地元の農産物を簡単に加工したものに限ること」「販売しているものについて消費者に情報を開示すること」などが含まれています。大手の食品加工・流通企業の参入を排除し、あくまでも地元の農家が恩恵を受けられることを目的とした自主認証制度となっています。ＦＡＲＭＡの会員ではないファーマーズ・マーケットも多数ありますが、周辺地域の生産者が自

ハムステッド・ヒース公園内で見かけたファーマーズ・マーケット開催を示す横断幕

ら生産したものを自ら売るという原則は英国のファーマーズ・マーケットに共通しています。ロンドン・ファーマーズ・マーケットのスタッフは、マーケットの設営や情報提供、イベントの実施を行うと同時に、出店者がこれらの規準を守っているかどうかのチェックもしています。

(イ) ハチミツを売っていたマーティンさんとサンドラさんの話

パーリアメント・ヒルでハチミツやミツロウのロウソクなどを売る店を出していたマーティンさんとサンドラさんの夫婦から話を聞きました。

マーティンさんとサンドラさんは、ロンドン市と北側に隣接するハートフォード州との州境の地域でミツバチを飼っています。「ミツバチは10㎞くらいは飛ぶから、巣箱を移動させなくて大丈夫」とミツバチの巣箱は固定しているそうです。集めた蜜をハチミツにする他、サンドラさんがロウソクや化粧品などにも加工し、これもファーマーズ・マーケットで売っています。ハチミツは消費者が毎週買うようなものではないので、ロンドンの4カ所のファーマーズ・マーケットで、2~3週に1回程度の頻度で出店しています。どこのファーマーズ・マーケットにも固定客がいるそうで、「こういうお客さんとの関係が大事だ」と言っていました。ミツバチの管理のピークとなる6~8月はファーマーズ・マーケットへの出店は休むそうです。

ファーマーズ・マーケットでの販売の苦労を聞いたところ、EUの食品表示の規制が厳しく、しかもよく変更されることをあげました。近々、危険物資に関する表示義務が加わるそうで、ハチミツの瓶に貼られた表示もそれに合わせなくてはなりません。マーティンさんによれば、フランスのファーマーズ・マーケットに行ったら、普通の瓶にラップでふたをしただけの包装でロイヤルゼリーなどが売られており、国によって対応が違いすぎる、と不満気でした。ちなみに、FARMAでは、会員に対し、このような関係する制度の変更などについての情報提供も行っています。

(ウ) このファーマーズ・マーケットによく買いに来るというジョンさんの話

このファーマーズ・マーケットを私に紹介してくれたジョンさんは、パーリアメント・ヒルの公園のすぐ近くに住み、マーケットへは月2回程度、奥さんと散歩がてら来ています。夫婦ともに食べ物にはうるさく、特にジョンさんは旬の食材にこだわります。毎日の買い物は高級スーパーであるマークス・アンド・スペン

マーティンさんとサンドラさんとその店

サーを使い、6週間に1回くらいはさらに高級なスーパーであるウェイトローズでワインなどを買い込みます。魚は別途ギリシャ系英国人が経営する質の良い魚屋に行くそうです。日々の食事は手作りが多く、「家計に占める食費は?」と聞くと「結構高いよ」との答えでした。

パーリアメント・ヒルにファーマーズ・マーケットができた当初は、夫婦は有機農場が営む直売所で買い物をしていたこともあり、ファーマーズ・マーケットへの関心は薄かったそうです。しかし、直売所の閉店をきっかけに、友人に奨められて行ってみたところ、友達によく会うし、地域共同体のような雰囲気があり気に入ったと言います。夫婦にとってファーマーズ・マーケットに行く事は、散歩と買い物と地域活動が合わさったようなものだそうです。

ジョンさんがファーマーズ・マーケットで買うのは、

ファーマーズ・マーケットによく買いに来るジョンさん

野菜、肉、パン、ケーキなどで、その週末に食べるための食材を買いに行きます。肉は、ラムやビーフのロースト用など、高品質のものを買います。1回の買い物で30~40ポンド（6000~7000円程度）使うそうです。マーケットで買う店はいつもだいたい同じだそうで、買い物をしながら、顔なじみのケーキを売る店のお兄さんとおしゃべりに花が咲きます。ファーマーズ・マーケットに出ている店のコンテストでは、このケーキのお店に投票したそうです。

ファーマーズ・マーケットで売られている商品の値段は、他での買い物に比べて高いか安いか聞いたところ、「トマト、イチゴ、パン、ケーキはマーケットの方が高い。レタスは同じくらいかな」とジョンさん。

ジョンさんによれば、スーパーで食べ物を買うことで、子供達は食べ物がどうやってできるのかが分からなくなってきている、どの野菜がいつできるのかといった季節的なものを感じる機会も減っている、とのことです。食材の品質に加え、このような食をめぐる問題意識が、英国のファーマーズ・マーケットを後押ししているのだと思いました。

(2) オックスフォード市のファーマーズ・マーケット

オックスフォード市と言えば、言わずとしれた英国の大学都市です。ロンドンから西に車で1時間、人口13万人のこの町でも、この10年程でファーマーズ・マーケットが開催されるようになりました。現在オックスフォード市内では週末に3カ所でファーマーズ・マーケットが開催されています。このうち2カ所を訪問しました。

（ア）オックスフォード市の南側のファーマーズ・マーケット

このファーマーズ・マーケットは、オックスフォード市内の大学が立ち並ぶ中心部から南に20分ほど歩いた所の公民館の外側のスペースを使って、毎週日曜日の9時半から12時の間に開催されます。天気が悪い日には、公民館の中のホールが使われます。

このファーマーズ・マーケットを運営しているのは、オックスフォードで二酸化炭素排出量を減らす活動を行っているグループです。地元産の食料の消費を拡げることで、食品流通による二酸化炭素排出を抑えることを理念に掲げています。オックスフォードから半径30マイル（約50㎞）で生産されたものであること、環境に優しい方法で生産されていること、遺伝子組み換え食品は扱わないこと、などがファーマーズ・マーケットで販売できる商品の条件となっています。

ファーマーズ・マーケットの開催を知らせる立て看板

調査に訪れたのは天気の良い9月の日曜日で、公民館の敷地には野菜、穀物、ケーキ、牛乳、パンなどを売る店が10軒程度並んでいました。出店者は主催者に売上高の15％を支払います。このファーマーズ・マーケットに出店する条件には、生産者自身、あるいは売っているものについて何でも答えることができるスタッフが最低1人店にいることが含まれているそうです。

出店者の何人かに声を掛けてみました。

小さなテーブルを出して牛乳を売っていたのは、飼っている牛は17頭だけという極めて小さな酪農を営み、有機認証を受けた牛乳を生産している酪農家でした。有機の牛乳やクリームの他、加熱殺菌していない牛乳も売っていました。

自分の容器を持って穀物を買うことで包装の無駄をなくす運動を行うＳＥＳＩという地元グループの店では、さまざまな種類の地元産、あるいは海外のエシカ

テーブルの下のクーラーボックスから１本づつ牛乳を出して売っている

ルな方法で生産された穀物を並べていました。この店を営むのは母親と娘で、もともとPTA活動として始め、その後もボランティアで続けているそうです。「もう6年もやっているのよ。今年は自分にも収入が入るようにするつもり」と母親は語っていました。

10軒ほどの店のうち青果物を売っているのは1軒で、その店はミニバンの周りに縁台を並べたものでした。ミニバンがこの日運んできた野菜は、オックスフォード近郊の7人の農家が生産したものです。このミニバンは、週末はファーマーズ・マーケット、平日は市内の住宅地の道端で野菜を売っています。運営するのはオックスフォードの食の改善のため社会活動に取り組む協同組合です。野菜は近郊の15の農家や協同組合自らが経営する農園から出荷されます。その半数以上は有機、あるいは環境に優しいやり方で野菜を生産している農園です。店番をしている女性は野菜生産者では

SESIの店を出している母親と娘

ありませんが、「ここに売っている野菜のことなら何でも聞いてちょうだい」とのことでした。

（イ）オックスフォード市の北側のファーマーズ・マーケット

次に、オックスフォード市の北の方、中心部から車で7〜8分の所で、小学校のホールを利用して開催されているファーマーズ・マーケットを訪れました。市内でも高所得者層の多い地域にあるファーマーズ・マーケットです。毎週日曜日、10時から午後1時まで開催されています。

このファーマーズ・マーケットはオックスフォード市では最も古く2002年から開設されているそうです。最初にこのファーマーズ・マーケットを始めたのは地元の有機農家でしたが、現在は出店者と利用者からなる非営利団体が組織され、そこが運営母体となっています。有機の食品や地元産の良質な食品を適正な

小学校のホールを使ってファーマーズ・マーケットが開設されている

価格で売ることを目的としており、農産物の生産者はオックスフォードの半径30マイル（約50㎞）以内にあって、環境に優しい方法で生産することを求められています。

出店者は店の大きさによって、20ポンド（約4000円）あるいは10ポンド（約2000円）を主催者に支払うことになっています。

このファーマーズ・マーケットでは、小学校のホールに付随している台所を利用して、主催者が簡単なケーキを作って提供しており、店に来た人がちょっと座ってお茶とケーキを楽しめるようなスペースも設置してあります。ここに案内してくれた地元の人は、以前市内の緑地保全のための募金活動のテーブルを数回出したことがあるそうで、「募金はとても良く集まった」そうです。オックスフォード市内にファーマーズ・マーケットが増えた理由として、人々の所得が上がり、質

入り口から最も奥にあった有機農産物の店。

の良い食品への関心が高まったからではないか、と言っていました。また、「ファーマーズ・マーケットは毎日使うような食材を買いに行く所ではなく、珍しい食品、心惹かれた商品を買うための所」「人に会いに行く所」とのことでした。

南のファーマーズ・マーケットと同様に、店の数は10軒程度です。ここでも青果物を売る店は1軒だけで、有機野菜農家の店がホールの一番奥に陣取っていました。この野菜の店はとても人気があるそうです。このファーマーズ・マーケットでは、2軒の有機農家が週交代で野菜の店を出しています。

パン屋も1軒ありましたが、この店はオックスフォード市の南側のファーマーズ・マーケットで出店していたパン屋と同じ会社でした。全粒粉のパンなど、スーパーではあまり見かけないパンを売っています。また、フェアトレード商品を扱う店があり、フェアトレード

日本人の女性が太巻寿司を売っていた

の認証ロゴのついた食品や日用品を2人の年配の女性が売っていました。

手作りチーズの店もありました。このチーズを売っている男性は、自らは酪農家ではないのですが、知り合いの農家から牛乳を入手し、様々な種類のチーズを作り、今週はこのチーズ、来週はこのチーズ、というように持って来て売っているのだそうです。

10軒ほどの店で一番多いのは、各国料理の店です。ペルシャ料理を売る店、アジア風の揚げ物や小籠包などを売るフュージョン料理の店など、珍しい料理を売る店が目につきました。そして、入り口近くには、手作りの巻寿司を売っている日本人の女性もいました。お店の名前は「I'm Japanese」（私は日本人）。この巻寿司の店もそうですが、客が料理の仕方や材料などを尋ねつつ、楽しそうに買い物をしているのが印象的でした。英国には様々な民族が流入していますが、ファーマーズ・マーケットは彼らに小さなビジネスの機会を提供するとともに、地元の住民が異なる文化を直接体験し理解する場でもあるのだということを実感しました。

3　ファーマーズ・マーケットの支援団体：ＦＡＲＭＡの活動

本章で何度か出てきたＦＡＲＭＡは、ファーマーズ・マーケットと農場での直売を支援する英国内で唯一の全国組織です。２００３年に既存の農場直売の団体とファーマーズ・マーケットの団体が合併し、非営利の協同組合組織として発足しました。約５００のファーマーズ・マーケットや農場などが会員となっています。ＦＡＲＭＡは、ファーマーズ・マーケットについて情報の発信や提供、表彰事業など様々な活動を行っていますが、最も重要な活動は、前述した自主基準に即した認証制度であり、チェックも含めたその運用です。

ＦＡＲＭＡのファーマーズ・マーケットに対する認証規準には以下の５項目があり、それぞれの項目についてさらに細かいルールが設定されています。

１　周辺地域（ファーマーズ・マーケット毎に範囲を設定）で生産された商品のみが販売されていること

２　その商品の主たる生産者自らが販売していること

３　生産者が農産物を販売する場合には、周辺地域で生産されたものだけを販売すること

４　加工品については簡単な加工品で、少なくとも材料の１つは地元産であること

５　ファーマーズ・マーケットの規準、販売しているものの生産方法や生産地などについて消費者に情報を開示すること

６　ファーマーズ・マーケットは独自の規準を設定できるが、上記５項目と相反する内容ではないこと

民間組織の自主基準ではありますが、英国政府のウェッブサイトでも紹介されているなど、英国のファーマーズ・マーケットの規準の基礎となっています。このような規準があることで、ファーマーズ・マーケットと他の食品小売店との明確な違いや質の高さが消費者に見えるようになっています。

ＦＡＲＭＡの前の会長であるサリー・ジャクソンさんに英国のファーマーズ・マーケットの状況について話を聞きました。ちなみに、サリーさん自身は、イングランド中部のリンカーン州で夫とともに農業生産・加工・販売・レストラン・体験・教育などを総合的に取り込んだ農場を営む女性農業者(8)です。

サリーさんによれば、約15年前から、「一定の距離以内の地産の旬の野菜や果物を売る」「地元の食材を用いた加工品を売る」という英国の新しい形のファーマーズ・マーケットが始まったそうです。これに地方自治体も関心を持つようになりました。かくして、英国のファーマーズ・マーケットには3つの形態が存在しています。1つ目は、地方行政主導のファーマーズ・マーケット、2つ目は、個人あるいは消費者組合のようなグループが始めたファーマーズ・マーケット、3つ目は場所と店舗が固定されたマーケットです。

他方、サリーさんによれば、ファーマーズ・マーケットを好む消費者は2タイプあり、ひとつは高級スーパーのウェイトローズで買い物をするような富裕層、もうひとつは、食に対する関心の高い人達で、必ずしも裕福ではないが生産地、有機農産物かどうかなどにこだわる消費者層だそうです。

FARMAのファーマーズ・マーケットの自主認証規準を満たし認証されたファーマーズ・マーケットは、認証ロゴマークを掲示することができます。FARMAの会員になることを申請してから9ヶ月以内に認証規準に沿ったファーマーズ・マーケットの運営を行うことがFARMAの会員になれる条件となっています。現在、約250のファーマーズ・マーケットがFARMAの認証を得ているそうです。認証規準が守られているかどうかの検査は独立した機関が行い、例えば、ケーキあるいはパンを作る際に地元の原材料を買っているかどうかレシートの提出を求め、認証の基準を満たしているかどうかを確認しています。

4　日本の直売所への示唆：ファーマーズ・マーケットの意義

ファーマーズ・マーケットのもたらす効用は極めて多様です。FARMAはそれについて、自身の報告書（9）の中で、

・農業が見えるようになり、農業者と消費者、都市と農村を結びつける
・地元で生産される良質な食品への評価を高める
・多数の多様な農家が地元の市場のために生産することで存続できる
・地方の経済を活性化させ、地方都市の商店街を再生する
・食品加工のような新しい技術・商品を振興する
・食に加えてコミュニティ、教育、環境などの面で、地方の住民の生活の質を向上させる

とまとめていますが、実際の例からも分かるように、ファーマーズ・マーケットは地元の農産物の販売の場であるのみならず、地域の中小ビジネスを振興し、さらには地域コミュニティの構築・活動の場となっています。日本のファーマーズ・マーケットは農業者の販売の機会を提供する場であり、スーパーに比べて新鮮で安いと

（8）和泉真理『ヨーロッパの先進農業経営』ＪＣ総研ブックレット17号、２０１６年
（9）FARMA「英国下院 Communities and Local Government Committee への書面報告」２００９年

いう魅力で消費者を惹き付ける、というのが一般的です。しかし、これまでみてきた英国のファーマーズ・マーケットは、スーパーとは違うものを地域の生産者が売ることで、農業者の販路の確保に加えて、農業者と消費者を近づけ、さらに地域コミュニティの活性化に貢献しています。日本でも、ファーマーズ・マーケットは都市と農村を結びつけ、地域振興に寄与することが期待される中、最後に英国の取り組みから日本で参考となると思われるいくつかの点を指摘したいと思います。

第1に、「ファーマーズ」と名前がつく以上、農業者の存在が見えることが前提でしょう。日本のファーマーズ・マーケットにも「生産者と直接触れ合える場」であることをうたうものがありますが、現状ではそこで生産者を見る事はほとんど無いと言ってよいでしょう。一方、英国のファーマーズ・マーケットは、生産者自らが出店しています。常設か週1回の開催であるかの違いはありますが、ファーマーズ・マーケットとスーパーとの一番の違いであるべき「生産者との直接のやりとりの場」の確保を日本でももっと重視すべきではないでしょうか。近年、日本のスーパーなどで「地元産コーナー」などの設置が増えている中、ファーマーズ・マーケットとスーパーとの違いは生産者の存在の有無になってくるのではないでしょうか。

第2に、オックスフォード市のファーマーズ・マーケットに見られるように、英国のファーマーズ・マーケットの管理母体や出店者には多様な市民団体、NPOなどが関わっています。都市側・消費者側が単なる「お客さま」以上の役割を果たすことが、都市と農村の間の交流や助け合いを促進していると思います。

第3に、手作り品、地元の特産品などを作る農業者以外の生産者も出店できることが、地域経済の活性化に寄与しています。その場合、英国のファーマーズ・マーケットに見られる、加工品の原料も含めて徹底して地元産に限定するといった規準の存在が、出店者の質、ひいてはファーマーズ・マーケットの質を向上させるのではないでしょうか。

第4に、英国のファーマーズ・マーケットでは、1アイテムにつき1店舗しか出ていないので、同じ産品を売る生産者間の価格競争が起こりにくいと思われます。それぞれのファーマーズ・マーケットでの店舗の数が少ないこともありますが、野菜農家が共同販売したり、交代で店を出したりといった工夫もなされています。日本のファーマーズ・マーケットでは安売り競争が起こってしまうと聞きますが、英国のやり方は参考になるのではないでしょうか。

第5に、どのファーマーズ・マーケットも、ホームページやメール配信を通じて、出店者の紹介や毎週のファーマーズ・マーケットの内容など細やかに情報発信をしています。また、出店者へのファン投票、子供向けイベントなど、客が楽しめるさまざまな企画も用意されています。住民がファーマーズ・マーケットに愛着を持ち、自ら参加するような仕掛けがファーマーズ・マーケットの定着をもたらしていると思います。

第3章　環境保全団体と農業

英国では国土の7割が農地です。英国人にとって、「自然を楽しむ」とは「農地を楽しむ」こととほぼ同義とも言えます。

第二次世界大戦後、英国では農薬や化学肥料の多用、大型機械の導入など、農業の集約化が進み、生物生息地の減少や景観の悪化など農業による環境への悪影響が増大しました。それを社会に訴え、農業と環境の両立のための活動の先頭に立つのが、英国に数多く存在する環境保全団体です。環境保全団体は規模も、活動目的も、農業と環境の間の立ち位置もさまざまですが、彼らが英国の世論形成や政策形成に大きな影響を及ぼしていることは間違いありません。環境保全団体の多くはチャリティー団体で、その活動は人々の寄付金で支えられています。人々は環境保全団体への支援や活動への参加を通じて、自分達が求める環境と両立した農業、農村の自然と美しい景観を確保しようとしています。

本章では、世界的にも著名な2つの環境保全団体、ナショナル・トラストと王立鳥類保護協会（ＲＳＰＢ）の環境と農業との両立のための活動の実際を紹介します。

1　ナショナル・トラストの農地管理

英国の大地主とは誰か？　1872年に「誰が英国を所有しているのか？」という標題の調査で大地主のリストアップがされた当時、英国最大の地主は英国国教会であり、王室や貴族が大地主として上位に並んでいました。2010年の最新の調査でも、英国の国土の3分の1は依然として王室や貴族の所有となっています。しかし、上位にリストアップされる顔ぶれは大幅に変わり、林野庁（1位）、防衛省（3位）という国の機関、年金基金（4位）、電源・水源・鉄道（5位）などが入っています。そして、土地所有者としての存在感を高めて来ているのが、ナショナル・トラスト（2位）、王立鳥類保護協会（7位）、ナショナル・トラスト・スコットランド（9位）といった環境保全団体です。トップ10には入りませんが、野生生物基金、森林基金

ナショナルトラストのロゴのついたイベント用トレイラー

など他の環境保全団体も有数の大土地所有者となっています。

農地が国土の70％を占める英国では、環境保全団体が所有している土地の多くは農地です。環境保全団体は、所有する農地を、彼らの目的である自然や景観の保全に適した方法で管理することを条件に、安く農業者に貸しています。英国最大の環境保全団体であるナショナル・トラストの農地管理の実際を、英国の南西部に見に行きました。

（1）ナショナル・トラストとは

ナショナル・トラスト(10)は、1895年から活動を開始しており、歴史的な建物や庭園、海岸や森林などの自然、農地、集落などを保全し、一般に開放する活動を行っています。現在の会員数は400万人を超え、年会費や寄付金などによる収入が4億ポンド（600億円）に達する英国最大の環境保全団体です。ナショナル・トラストはその収入を使って、保全対象とする土地や建物などを購入し、維持・管理します。前述したように広大な土地を所有しており、そのうち農地は25万haもあって、従って、「英国最大の農家」です。保有する農地は、伝統的・環境保全的な農法で管理することを条件に、農業者に安い地代で貸し出されます。ナショナル・トラストの農地を借りている農業者は全体で2000名に及ぶそうです。

ナショナル・トラストの地位を特有なものにしているのは、ナショナル・トラストが1930年代に英国議会から獲得した「不可侵権」を持っていることです。「ナショナル・トラスト法」に基づき、ナショナル・トラストが所有する資産に対して「不可侵権」を宣言したら、その資産には英国政府ですら手を出せない最強の保護権が与えられ、壊したり開発したりすることはできなくなります。ナショナル・トラストの保有する資産のほとんどはこの「不可侵権」下にあります。資産の中には、贈与などを受けて所有しているけれど保全価値の低い資産もあり、このような資産については不可侵権の対象とせず、投資の対象にしています。

ナショナル・トラストの2014年現在の年会費は、個人会員が58ポンド（約8700円）、家族会員（夫婦と5歳以下の子供）が98ポンド（14700円）となっています。会員は年会費を払うことで英国内の環境や歴史的資産の保全に貢献し、休日にはナショナル・トラストの保有する庭園や遊歩道などを無料で利用することができます。

(2) ナショナル・トラストのレンジャーの活動

英国南西部、ノース・デボン海岸の景観保全地域での、ナショナル・トラストの実際の活動を見に行きました。ナショナル・トラストはこの地域の最大の土地所有者の1人であり、特に貴重な景観で知られるノース・デボンの海岸線については、その50％を所有しています。この地域を担当するノース・デボン・ナショナル・トラストの事務所には3人のレンジャーが配置されています。そのリーダーであるジョナサン・フェアファーストさんか

(10) イングランド、ウェールズ、北アイルランドを対象としている。スコットランドについては、ナショナル・トラスト・スコットランドという別組織が運営している。

ら、担当する約20㎞に及ぶ海岸線の管理について説明を受けました。

レンジャーの仕事は幅広く、地域内の遊歩道の管理、生物生息地の監視や管理、インフラの管理、農地を管理する農業者との交渉、ボランティアによるプロジェクトの実施などが含まれます。フェアファーストさんは市民農園の設置と管理までも担当していました。

農業に関して言えば、フェアファーストさんの担当地域は、10名の農業者に貸し出されています。農業者の多くは、ナショナル・トラストの所有地の外に自宅と自作地を持ち、さらにナショナル・トラスト内の農地も管理しています。しかし、バギーポイントという半島については、半島全体が1つの農場という形になっており、住居も含めて農業者に貸与し管理してもらっているそうです。農業者との賃貸契約期間は通常3～5年です。

ナショナル・トラストが設置している市民農園

ナショナル・トラストは海岸線のいくつかの半島を覆う草地の管理を農業者に依頼します。ナショナル・トラストが求める管理方法には、放牧を行うことの他、草刈りや野焼きを行うことなどが含まれます。また、農地内には遊歩道があるので、夏場は人が怖がるとの理由で牛ではなく収益性の低い羊を放牧しなくてはならない、訪問者がいて農作業がしにくい、など農業者にとっては管理上マイナスな側面も多くあります。海岸線は放牧しにくい地形でもあり、農家は家畜を放牧したがらないので、フェアファーストさんは、農家が契約通り十分に放牧をしているかどうかを監視する立場にあります。

また、国の助成制度である農業環境支払いへの申請事務も、たいがいはナショナル・トラストが行います。ナショナル・トラストは環境保全ばかりを考えていると思われがちですが、フェアファーストさんによれば、

バギーポイントにてナショナル・トラストが農業者に貸与している農場

農業環境支払いを担当する国の機関であるナチュラル・イングランドの方が環境保全の視点からだけの管理を求め、目的が狭いそうです。例えば、国の機関は牛ではなく羊を放牧するべきだと言い、確かにそれは環境保全には良いかもしれませんが、それでは農家の経営は成り立ちません。そういった農業経営の視点も含めて国の機関と保全管理方法についての交渉をするのもフェアファーストさんの仕事です。

ノース・デボン地域は、肉牛を主体とする中小規模の農家が多く、このような農家にとって、ナショナル・トラストの所有地を借りて経営することは、経営規模の拡大につながっています。また、地域の農家は、景観を楽しみに来る観光客を対象にキャラバンサイトを経営したり、観光客を相手にするレストランへ肉を直売したりと、景観保全地域ならではのビジネス展開も可能となっています。しかし、特に遊歩道の存在は、

バギーポイントの先端では岸壁での放牧に強い種が飼養されている

利用者が門を占めないために家畜が別の種と交雑してしまう、病気が持ち込まれる、犬の被害などといったマイナス面もあります。

(3) バギーポイントの遊歩道を歩く

ナショナル・トラストが保有する半島の1つであるバギーポイントに行ってみました。遊歩道の入り口にナショナル・トラストが保有する駐車場があり、会員以外は駐車料金を支払います。夏休みも終わった平日でしたが、駐車場はかなり埋まっており、たくさんの人が遊歩道を歩いていました。海岸に沿った遊歩道の内側には、石垣の境界に区切られた草地が広がり石造りの農家がみえます。この半島は全体が野生生物生息地として特に重要な地区に指定されており、環境保全的な農業を行うことで、生物生息地としての価値を守っています。バギーポイントの半島の突端の岩の上には、

バギーポイントの遊歩道

ナショナル・トラストが飼育を依頼しているという岸壁での飼養に強い羊の群れが休んでいました。

一方、遊歩道の周辺の植生はノイバラのような植物に占領されつつあり、コントロールが難しい様子がみてとれました。フェアファーストさんが自らの仕事について、「遊歩道など、アクセス・教育の部分に多くの時間をとられ、生物生息地の管理といった環境保全にさける部分が少ないのが問題だ」と語っていましたが、それを物語るものでした。

400万人にものぼる会員、そして平日でも遊歩道を使って農村を楽しむ人々がナショナル・トラストの活動を支えています。また、遊歩道の路面や案内板、ベンチの修理などの活動には、ボランティアの働きが欠かせないのですが、ナショナル・トラストによれば、年間6万人ものボランティアが活動しているそうです。

英国人は農村が好き、農村に理解があると言われますが、その土台となっているのは、小さい頃から家族で農村を訪れ、楽しむような文化があるからではないでしょうか。ナショナル・トラストは、農村を楽しめる場所として保全するとともに、そこでの農業者の経営を支える役割を果たすことで、都市と農村を結びつけています。

2　王立鳥類保護協会（RSPB）の直営農場

（1）王立鳥類保護協会の活動

1889年に鳥類の保護を目的に設立された王立鳥類保護協会（RSPB）は、110万人の会員を持つヨーロッパ最大の環境保護団体です。9900万ポンド（約170億円）の年間予算を使って鳥類を中心とした生物生息地を保全し、減少している生物種を復活させるための活動をしています。2000人の職員を抱え、ボランティアも1万2000人もいます。

王立鳥類保護協会は、環境保全のための政策に必要なデータを提供し、政策提言を行う団体としても知られています。鳥類はビクトリア時代からデータが蓄積されており、ヨーロッパではチョウと並んで信頼度の高い生物多様性の指標生物とされています。特に鳥類は、短期的な天候の変動などに左右されず長期的にトレンドをみられるという特徴を持っています。王立鳥類保護協会はこの鳥類のデータの蓄積をもとに、独自の研究成果も踏まえて、農業政策についても長年にわたり環境保全の観点から声をあげてきました。

王立鳥類保護協会の活動の柱の1つは、鳥類の生息地として特に重要な場所を協会が買い上げ管理することで、現在約250の自然保護地、計13万haを所有しています。それぞれの保護地の大きさは、数haから数10haであり、保護地の地形も海岸線の絶壁、湿原、森林などが含まれ多様です。

王立鳥類保護協会は戦後の英国農業の近代化・集約化が鳥類に甚大な被害をもたらしたとの批判を展開した急先鋒となった団体でもあります。国土の70％が農用地である英国では、農業の変化によって特に1970、1980年代に農地に生息する鳥類の数や種類が大きく減少しました。これに対し王立鳥類保護協会は農業を批判するキャンペーンを開始しました。キャンペーン開始当初は「農業はもっと生産性を上げるべきだ」との声に押されて社会の反応は悪かったのですが、次第にその考え方が浸透し、その後の英国の農業環境支払い制度の構築などにも大きく影響を及ぼしています。このような経緯で、王立鳥類保護協会は反農業の団体とみなされることが多いのですが、インタビューした王立鳥類保護協会のアドバイザーに言わせると「反農業ではなく、悪い農業に反対なのだ」とのことで、近年は農業者と一緒に農業と環境の両立のために活動する姿勢をとっています。調査を行った、ケンブリッジ州にある王立鳥類保護協会の唯一の自営農場であるホープ農場も、鳥類の保護と近代的な農業生産活動との両立のための手法を模索することを目的に王立鳥類保護協会が２０００年から経営しているものです。王立鳥類保護協会はこの農場を取得するために必要な3億円の資金を募金で集めたそうです。

（2）ホープ農場の役割

ホープ農場の経営面積は１８１haで、この地域の穀物農場としては規模の小さい農場です。ホープ農場では慣行的な方法で穀物を生産しながら、鳥類の保全のための緩衝帯の設置など様々

表　ホープ農場の経営収支（2012 年）

（単位：£）

費用		収入	
種子	10,046.80	小麦販売	123,396.71
肥料	33,390.00	菜種販売	38,937.10
農薬	37,048.90	豆類販売	26,203.59
農作業委託費	29,673.00	単一支払い	36,762.94
乾燥調製費	5,399.55		
費用計	115,558.25	農業生産からの収入	225,399.34
		農業活動の収益	109,742.09
		うち地代	35,607.60
		うち地代以外	74,134.49
		地代以外分の分配	
		RSPB（23%）	17,050.93
		農作用受託農家（77%）	57,083.56
王立鳥類保護協会の収益（地代＋王立鳥類保護協会取り分）			52,658.56

出所：王立鳥類保護協会　ホープ農場のウェッブサイト。

な取組を行っています。経営管理は王立鳥類保護協会のスタッフが行い、農作業は近隣の農業者に委託していま す。経営収支は毎年公表されます（表）。経営全体としては収益を上げており、小さな農場が環境保全的な農業を行っても経営が成り立つことを農業関係者やマスコミにアピールする役割を果たしています。マスコミや政治家などを招くための便を考え、ロンドンから車で1時間のこの農場が選ばれたそうです。

同時に、ホープ農場では、農地に生息する鳥類を保全するための手法を開発するため様々な実証実験が行なわれており、その成果をもとに王立鳥類保護協会は政府に対して政策提言を行います。英国の農業環境支払い制度の様々なオプションなどにその成果は反映されています。

王立鳥類保護協会によれば、農地に生息する鳥類を保護するためには、巣作りの場所の確保、雛を育てる夏場の餌の確保、冬場の餌の確保の3つの条件が必要であり、例えば巣が守られ雛が育っても冬場の餌が無ければ鳥は生存できません。英国で近年冬小麦の生産が増えていることは、鳥類に多大な悪影響を及ぼしているそうです。このような王立鳥類保護協会等の提言をもとに、2015年から開始された新しい農業環境支払い制度においては、「野生の授粉媒介生物と農場の生物保全のためのパッケージ」という上記3条件が全て達成できるように複数の農地管理方法を組み合わせる手法が導入されました。このパッケージに取り組む農場は、優先的に農業環境支払い事業に採択されるようになっています(11)。

（11）defra “Introducing Countryside Stewardship: November 2014” 2014

ホープ農場を視察すると、通常の農地の縁に緩衝帯などが設置されている様子は他の農場と変わらないのですが、5ha程度の農地を鳥の冬場の餌の確保する場として麦類などを播いたまま放置されていたり、冬場に耕作しない農地がラディッシュ、ライ麦、豆類などでカバーされていたりしているところに特徴がありました。鳥の冬場の餌が周辺に少ないので、一帯の鳥がこの5haの農地に集中し、すぐに食べ尽くされてしまうそうです。

ホープ農場を管理するディロンさんは、「ここはモデル農場であるので、もっと農業者に見に来てもらいたい」と言っていました。しかし、これまでの所、この農場への訪問者はすでに鳥類保全に取り組んでいる農業者が多く、これから新たに始めようとする農業者は少ないそうです。まだまだ、環境保全団体と農業者との壁はあるということなのでしょうか。なお、ホープ農場は第1章で紹介したＬＥＡＦの企画するオープン・ファーム・サンデーには毎年参加し、訪問者をトレイラーに乗せて農場内でのさまざまな取組を見せているそうです。

王立鳥類保護協会によるキャンペーンなどにより英国で農業の環境への悪影響が社会的に大きく取り上げられるようになり、農業と環境の両立を目的とする施策が講じられるようになって30年近くがたちます。この間、農業環境支払いは、英国の農業政策の大きな柱となっています。しかし、王立鳥類保護協会のスタッフにこの30年間の成果を尋ねたところ、「農業者は環境の大切さを口にするようになっているが、本質的には何も変わっていない」と悲観的な回答でした。

第4章　コミュニティが所有するフォードホール農場

英国のフォードホール農場のパンフレットには「農業者は1人だけれど農場オーナーは8000人」というコピーが入っています。英国中西部のサロップ州にあるこの農場は、2006年に英国で最初のコミュニティ所有の農場となったことで有名です。農場は地域コミュニティ基金が所有しており、出資者は8000人を越えています。2012年にこの農場を訪れ、この新しい農業経営手法の創設の主人公であるシャルロッテさんと農場内を歩きながら、彼女の農場への熱い思いが結実した奇跡の物語をききました。

1　代々の借地経営を守った姉弟の物語

ホリンズ家は代々この地で農地を借りて農業を営んできました。シャルロッテさんと弟のベンさんの父親は、英国でも最も早く有機農法を始めた一人であり、研究熱心な篤農家として知られていました。しかし1990年代中頃から、地主が隣接する大手乳業工場にその農地を売りたいという圧力に直面することになりました。再三の立ち退きをめぐる裁判の費用捻出のために経営が悪化し、さらに、口蹄疫が農場経営に打撃を与えた中、2004年にはついに法的に立ち退きを迫られる状況に陥りました。その最中に、父親は病で亡くなったのでした。

当時21歳で大学を卒業したばかりのシャルロッテさんと19歳だったベンさんは、この農場を存続させたいとの思いから、借地契約の切れる24時間前に何とか18ヶ月の契約更新を行いました。そしてわずかに残されていた家畜と農地を前に、まずは小作料を払い、さらに農場を安定的に存続させるために農地を地主から買い上げようと、行動を開始したのでした。

最初の1歩は豚をソーセージにして直売し、当座の運転資金を稼ぐことでした。生産物を直売しなければ利益は得られないと実感し、以後、農場の生産物は全て直売されるようになりました。さらに、父親の代には農場を訪れる人が多かったことや、姉弟の友人達が農場での手伝いを楽しんでくれたという経験から、農場を多くの人に知ってもらい、サポーターを増やすことに、姉弟は力を注ぎました。

２００５年7月に、12ヶ月以内に80万ポンド（約1億円）を払えば農地を姉弟に売り渡すという内容で、地主との交渉が成立しました。この資金を集める方法として、農場のサポーターから出資をつのることにし、そのための基金を作り、友人達の協力を得ながら小額の出資を少しずつ積み上げていきました。知り合いが知り合いを呼ぶ形で出資の輪が広がり、その知り合いの1人に英国の全国紙の記者がいたため、この取組は英国全体に知られるようになり支援の輪は英国の内外にまで広がりました。支払い期限の24時間前に銀行から80万ポンド受け取り確認の連絡が来たそうです。この間、姉弟の寝食を忘れた活動に加えて、50人ものボランティアが電話対応や

農場の入り口に立つマップ。コミュニティ農園や遊歩道が書き込まれている

出資金の処理などを手伝ってくれたそうです。

かくして農場は基金の所有となり、1ヶ月後ベンさんは基金から100年間の賃借権を得ました。100年という賃借期間は英国では以前は当たり前でしたが、今では賃借期間が短いと農地価格が上がるからと5～10年契約が一般的であり、長期的な展望を持った借地経営を阻害しているそうです。この賃借契約は、ベンさんが亡くなっても子供に引き継がれ、子供に農場を継ぐ意志がなければ基金が新たな小作者を探すことになります。

2　コミュニティの農場として

フォードホール農場は約60 haの農地で牛、羊、豚を飼い、それを加工、販売する他、ショップ、レストラン、食育スペースを持ち、様々なイベントも行われます。ベンさんは家畜経営、農場のショップ、農場の食肉販売部門を経営し、その関係は通常の地主と借地農と変わりません。「単に地主が8000人いるだけよ」とのことです。他方、地主である「フィードホール・コミュニティ・ランド・イニシャティブ（FCLI）」は、コミュニティ農場としてのイベント企画、農場内の遊歩道の管理、食育・普及活動を行い、シャルロッテさんはFCLIのマネージャーという肩書きで活動しています。

「フィードホール・コミュニティ・ランド・イニシャティブ（FCLI）」は慈善団体、非営利団体です。出資者は50ポンドの株を何株でも購入できますが、投票権は1出資者1票となっています。配当は無く、農場の存在、地域への貢献に対して出資していることになります。株を手放したい場合にはFCLIに売り、FCLIは新たな出資者をつのることになります。毎年数名程度、株を手放す人がいるそうです。株主から選ばれた14人がボランティアの理事となり、ＦＣＬＩの運営にあたっています。ＦＣＬＩは農場のショップの２階に事務所を持っています。

ＦＣＬＩは地域の人々に農場や農業・食料全般について理解してもらおうと、農場内に菜園や食育スペースを持ち、様々な活動を行っています。農場内のコミュニティ用のスペースには、コミュニティの菜園、ピザを焼くための釜、人間の排泄物をコンポスト化するトイレ、生ゴミとおがくずからのコンポスト作成機などが配置されています。農場内を歩きながら畜産や有機農業、森林や遺跡について学ぶことができるようになっており、学校向け、グループ向けに様々なメニューが用意されています。

ティールームやショップ、ＦＣＬＩの入っている建物は、ＦＣＬＩが1年前に古い納屋を改造したもので、太陽光発電、三重サッシの窓、リサイクル品を使った断熱材、コンクリートではなく石灰とへん布を練り込んだ建材など、環境に優しい建物となっています。

3　有機農場としてのフォードホール農場

フォードホール農場の面積は約60 haであり、英国の中では中小規模の農場に属します。この農場を特徴づけ、多くの支持者を得ている要因の1つは、フォードホール農場が英国でも最も早く有機農業に取り組みはじめた農場であることでしょう。シャルロッテさんとベンさんの父親のアーサー・ホリンズさんは、１９２９年にその父親の死によりこの農場での借地経営を引き継ぎましたが、その後の戦時中の食料増産の取り組みの後に残されたのは、やせた土壌でした。農地はやせているのに、隣接する林地の土壌は豊かだということに気づいたアーサーさんは、化学肥料の投入をやめ、家畜堆肥だけを用いた草地での酪農経営を開始しました。研究熱心なアーサーさんは、自然と共生する農業、土壌の肥沃度について研究を重ね、それは多くの支持者、農場への訪問者を惹き付けることになり、後に農場が危機に陥った時にも多くのサポーターを得る土台となったのです。

酪農経営から肉用経営に転じた後も有機農業は引き継がれ、現在も農場は全て有機農業で肉牛、羊、豚を飼っています。また、家畜は、濃厚飼料を使わず放牧で育てています。牛の種類は、ヘリフォードとアバディーン・アンガスという地元の種で、冬期の放牧に耐え、またあまり重量が無いので草地への負担が少ないそうです。

英国イングランドでの有機農業に関する主な政策は、認証制度と農業環境支払いの一環としての有機農業への助成です。フォードホール農場の農場や家畜を認証しているのは、世界で最初に有機認証システムを発足させ、現在では英国の有機食品の約8割の認証を行っている英国土壌協会です。また、農場は農業環境支払いの対象となっており、有機農業の取組に対する助成とともに、湿地での草地の保全について高度な環境保全の取組への助成も受けています。

シャルロッテさんは、このような小さな有機農場を成り立たせるためには、生産物を自ら売らないといけないと言い、実際に生産物は全て農場のショップやネットなどで販売されています。この地域の人は有機食品に多くを払えないから、と他の地域での有機食品よりも安い値段で販売しています。

4　フォードホール農場の示すもの

２００６年に英国で最初のコミュニティ所有の農場として再出発したフォードホール農場は、農業経営の在り方に新たな可能性を与えています。ますます効率性を求められる農業分野において、このような規模の小さな経営が存続する、あるいは地域の農業を存続させるための選択肢として注目されています。シャルロッテさんは、「昔は農地を買って、農業からの収入でその借金を返したが、今は農地価格が高すぎて、そのようなことは無理だ。私たちのやり方が、農業をやりたい人にとっての新しい１つの選択肢になってくれれば」と語ってくれました。

この農場の経営を特徴づけているのは、コミュニティが所有するという経営形態だけではありません。有機農業という環境保全的な農業生産、生産物を自ら加工、販売し、レストランを経営するという農業の六次産業化への取組、そしてコミュニティ農場として広く人々を受け入れ食育を行う取組は、日本の農業経営において期待される選択肢として掲げられているものばかりです。逆にこのような取組を行っているからこそ、８０００人を越える農業に関わりの薄い人々が、「フォードホール農場の存続」という見返りだけのために出資するのだろうと思います。

何度も訪れた農地を失うピンチを、「ここで農業を続けたい」という一念でくぐり抜けたシャルロッテさんの情熱に圧倒されました。同時に、「農業に関係の無い人達がこんなに農業を支援してくれるとは思わなかった」という彼女の感想は、日本の農業にも多くの示唆を与えるのではないでしょうか。

おわりに　消費者が農業者とともに営む農業に向けて

本書の第1章で紹介したのは、普段は農業との接点の無い都市の人々に農業を知ってもらうための工夫としてのオープン・ファーム・サンデーです。この他にも、英国の都市消費者が農業や食料生産との接点を得る方法として、遊歩道（パブリック・フットパスなど）、市民農園などがあります。

このうち、英国の遊歩道は、公共の権利としての「通行権」が土台となっており、大小の遊歩道が農地の中も含めて網の目のように張り巡らされ、人々が農村を楽しむ機会を提供しています。日本でも、地域振興のツールとして、同様の遊歩道の設置や遊歩道を活用した地域振興への取組が近年みられるようになってきているところです。

一方、市民農園については、英国ではアロットメントと呼ばれ、地方自治体が住民の要望に応じて設置することが義務づけられています(12)。しかし、食の安全やフードマイレージなどへの関心から英国における市民農園への需要は増大しているにもかかわらず、他方で高い都市住宅需要に押され地方自治体は十分な市民農園を提供できない状態が続いています。日本の市民農園は都市周辺を中心に増加しつつあり、消費者が自ら農産物を作る経験をする機会を提供しています。以前は地方公共団体が設置する場合がほとんどでしたが、最近では農業者が設置する市民農園が増加しつつあります。昨今は、都市住民の土に触れたい、農作物の生産をしてみたい、というニーズと遊休農地の活用という農地所有者側のニーズが相まって、さまざまな形態の「貸し農園ビジネス」が出現・増加しています。

続く第2章、3章、4章で紹介したのは、消費者側が農業生産や農産物の販売に関わることで、自らが望む農業を実現している事例です。ファーマーズ・マーケットを消費者側が運営する、地元の農業者と連携して野菜を販売する、環境保全団体が地主であったり農場を所有したりする、コミュニティ農場という形で市民が農場を所有することで、自らが求める農業や食料供給のあり方を実現しています。このような活動は、地元の小規模農家、環境に優しい方法で生産する農家を支援することに結びつき、農業や食料を通じた地域コミュニティの活性化の手段としても成功しています。

日本でも、生産方法の表示を見ての購入や自然食品店での購入などにより農業の生産方法などを基準に食

農地の中を通る遊歩道を楽しみながら，農業の現場を知ることができる

料を購入することができます。英国の事例は、さらに踏み込み、農業や農産物の販売にまで消費者が関わることで、地域の農業の維持や、農業を取り込んだ地域振興を消費者や住民が主導して行う可能性を示しています。日本での同様の取組の例として、生協が行っている産直活動が近いと思われます。しかし現状では多くの消費者が農業について知る機会も限られた中で「価格」「(米の)品種」「(野菜の)鮮度」などを基準に食料を購入していきます(13)。

とは言いつつも、日本でも「田園回帰ブーム」や「都市と農村との交流」の拡がりの中で都市の消費者の農村への関心は増大しています。市民農園の増加、遊歩道への取組など、農業・農村を知ってもらう方法も増えてきています。消費者側が日本の多様な農業の存在に気付き、環境やエネルギーの循環型農業、景観を守る農業、地元の中小規模の農業などの支援に直接関与する取組を日本でも拡げることができれば、グローバル化の波に飲まれることなく多様な農業が存続できるのではないでしょうか。

(12) 英国の市民農園については、和泉真理「英国アロットメント訪問記」(JC総研ウエブサイト・グローバルWATCHER、2008年に掲載)を参照されたい。
(13) 一般社団法人JC総研「農産物の消費行動に関するWEB調査」から。米を購入する際にこだわる事項の上位3項目(2016年、複数回答)は「価格帯」(63・4%)、「品種」(18・2%)、「産地」(17・5%)、野菜を購入する際に重視する点の上位3項目(2015年、複数回答)は「鮮度」(61・9%)、「価格」(53・5%)、「国産品であること」(38・6%)であった。

そのためには、消費者が農業を知る機会をどのように作っていくのか、農業や農産物直売所などがもっぱら農業側によって営まれている現状にどのように消費者が関与できるのか、英国ではさまざまな民間組織やボランティアが都市と農業を結ぶ取組の調整役となっていますがこれを日本でどう育てて行くのか、生協などによる産直活動などを活用できないか、など色々な検討が必要だと思われます。新しい時代の都市と農業の関係、都市の消費者と農業者が手を取り合って農業・農村を発展させる方法について、今後さらに検討や取組が深めていけることを期待しています。

（参考）
各章の初出原稿
第1章　ＪＣ総研ウエッブサイト『ＥＵの農業・農村・環境シリーズ　第41回』２０１６年7月30日掲載
第2章　ＪＣ総研レポート２０１５年冬号掲載
第3章　ナショナル・トラストについてはＪＣ総研ウエッブサイト『ＥＵの農業・農村・環境シリーズ　第31回』２０１４年6月23日掲載
第4章　ＪＣ総研ウエッブサイト『ＥＵの農業・農村・環境シリーズ　第26回』２０１３年5月15日掲載

【著者略歴】

図司 直也 ［ずし なおや］巻頭言

〔略歴〕

法政大学現代福祉学部教授。1975年、愛媛県生まれ。

東京大学大学院農学生命科学研究科博士課程単位取得退学。博士（農学）

〔主要著書〕

『田園回帰の過去・現在・未来』農山漁村文化協会（2016年）共著、『人口減少時代の地域づくり読本』公職研（2015年）共著、『地域サポート人材による農山村再生』筑波書房（2014年）単著

和泉 真理 ［いずみ まり］

〔略歴〕

一般社団法人JC総研客員研究員。1960年、東京都生まれ。

東北大学農学部卒業。英国オックスフォード大学修士課程修了。農林水産省勤務をへて現職。

〔主要著書〕

『食料消費の変動分析』農山漁村文化協会（2010年）共著、『農業の新人革命』農山漁村文化協会（2012年）共著、『英国の農業環境政策と生物多様性』筑波書房（2013年）共著。

JC総研ブックレット No.18

農業を守る英国の市民

2017年3月15日　第1版第1刷発行

著　者 ◆ 和泉 真理
監修者 ◆ 図司 直也
発行人 ◆ 鶴見 治彦
発行所 ◆ 筑波書房
東京都新宿区神楽坂2-19 銀鈴会館 〒162-0825
☎ 03-3267-8599
郵便振替 00150-3-39715
http://www.tsukuba-shobo.co.jp

定価は表紙に表示してあります。
印刷・製本＝平河工業社
ISBN978-4-8119-0503-7　C0036

「ＪＣ総研ブックレット」刊行のことば

筑波書房は、人類が遺した文化を、出版という活動を通して後世に伝え、人類がそれを享受することを願って活動しております。１９７９年４月の創立以来、このような信条のもとに食料、環境、生活など農業にかかわる書籍の出版に心がけて参りました。

20世紀は、戦争や恐慌など不幸な事態が繰り返されましたが、60億人を超える世界の人々のうち８億人以上が、飢餓の状況におかれていることも人類の課題となっています。筑波書房はこうした課題に正面から立ち向います。

グローバル化する現代社会は、強者と弱者の格差がいっそう拡大し、不平等をさらに広めています。食料、農業、そして地域の問題も容易に解決できないことが山積みです。そうした意味から弊社は、従来の農業書を中心としながらも、さらに生活文化の発展に欠かせない諸問題をブックレットというかたちで、わかりやすく、読者が手にとりやすい価格で刊行することと致しました。

この「ＪＣ総研ブックレットシリーズ」もその一環として、位置づけるものです。

課題解決をめざし、本シリーズが永きにわたり続くよう、読者、筆者、関係者のご理解とご支援を心からお願い申し上げます。

２０１４年２月

筑波書房

JC総研［JC そうけん］

JC（Japan-Cooperative の略）総研は、JA グループを中心に４つの研究機関が統合したシンクタンク（2013 年 4 月「社団法人 JC 総研」から「一般社団法人 JC 総研」へ移行）。JA 団体の他、漁協・森林組合・生協など協同組合が主要な構成員。

（URL：http://www.jc-so-ken.or.jp）